BEI GRIN MACHT SICH IHR WISSEN BEZAHLT

- Wir veröffentlichen Ihre Hausarbeit,
  Bachelor- und Masterarbeit

- Ihr eigenes eBook und Buch -
  weltweit in allen wichtigen Shops

- Verdienen Sie an jedem Verkauf

Jetzt bei www.GRIN.com hochladen
und kostenlos publizieren

Sascha Tiedemann

Lasertechnik in der Medizin - Ein Überblick

GRIN Verlag

Bibliografische Information der Deutschen Nationalbibliothek:

Die Deutsche Bibliothek verzeichnet diese Publikation in der Deutschen National-bibliografie; detaillierte bibliografische Daten sind im Internet über http://dnb.d-nb.de/ abrufbar.

Impressum:

Copyright © 2010 GRIN Verlag GmbH
Druck und Bindung: Books on Demand GmbH, Norderstedt Germany
ISBN: 978-3-656-05602-7

Dieses Buch bei GRIN:

http://www.grin.com/de/e-book/181260/lasertechnik-in-der-medizin-ein-ueberblick

Sascha Tiedemann
Helmut Schmidt Universität/ Uni Bw Hamburg

Bundeswehrkrankenhaus Hamburg

Leitender des ISA- Kurses „Medizinische Verfahrenstechnik"

im Herbsttrimester 09 an der Helmut Schmidt Universität der Bundeswehr Hamburg

Hausarbeit zum Thema:

Lasertechnik in der Medizin

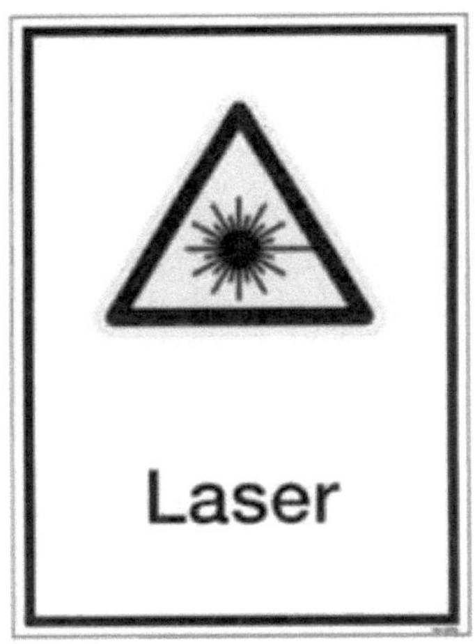

Abb.1: Warnschild Laser

Vorgelegt von:

Sascha Tiedemann (Matrikelnummer: 841200)

BA Politikwissenschaft,

Sascha Tiedemann
Helmut Schmidt Universität/ Uni Bw Hamburg

<u>Lasertechnik in der Medizintechnik</u>

1. Einleitung und geschichtlicher Hintergrund des Lasers

In vielen Bereichen der Industrie, Wirtschaft und auch dem Leben des zivilisierten Individuums gehört der Laser zum festen Bestandteil ihres Schaffens und Bestehens. Er ist eine vielseitige Hilfe bei einer Menge von Prozessen. Manchmal ist er so stark, dass er in der Automobilindustrie Karosserien aus Stahl ausschneidet oder metallische Komponente besser zusammenschweißt als es jede Stahlniete könnte. Manchmal ist er aber auch so schwach, dass er uns eine CD oder DVD liest oder uns eine Seite im „Laserdrucker" druckt. Er ist somit ein offensichtlich sehr flexibles und lebenserleichterndes Medium. Doch er ist nicht nur ein Medium, welches uns das Leben leichter macht, sondern auch direkt erhalten kann- in der Medizin. Der Laser scheint somit ein wichtiges Werkzeug in einer Vielzahl von medizinischen Bereichen zu sein.

Doch in welchen dieser Bereiche hat der Laser bereits Einzug gewonnen? Wie funktioniert so ein Laser? Wann trat er erstmals in Erscheinung und welches Potenzial besitzt dieser „Allrounder"?

Diese Fragen versucht die vorliegende Arbeit zu beantworten. Schon bei kurzer Betrachtung der Materie wird deutlich, dass der Laser nicht nur in seiner Funktion, sondern auch als Medium ein sehr komplexes und kompliziertes Gerät ist. Ohne jeweilige Fachkenntnis in Physik, Chemie, Biologie und Medizin ist es ein schwer zu fassendes Thema.

Ziel dieser Arbeit ist es daher vor allem, dass anschaulich und verständlich in einer kleinen Einführung die Funktion eines Lasers erklärt und die Anwendungsgebiete in der Medizin dargestellt werden. Dabei wird auf mathematische Formeln und detaillierte Ausführungen von chemischen und physikalischen Prozessen verzichtet und die wichtigsten Begrifflichkeiten erklärt. Abschließend soll ein kurzer Ausblick über Lasertechnik in der näheren Zukunft gegeben werden.

So viel sei vorweg genommen: seit Albert Einstein 1917 die „Theorie der stimulierten Emission von Photonen" (Aussendung elektromagnetischer Wellen, die ein Photon durch ein weiteres Photon reagieren lässt), aufstellte, welche eine Voraussetzung für das Funktionieren eines Lasers ist, und der Erfindung des ersten Lasers (Rubinlaser) durch Theodor Maiman im Jahre 1960, ist der Laser zu einem bedeutenden Instrument der Industrie, Kommunikation, Wissenschaft, Unterhaltungselektronik und auch im Fokus unserer Betrachtung liegend, der Medizin, geworden.[1]

---

[1] vgl. http :wikipedia.org/wiki/laser_allgemeines

Wegbereiter des Lasers:

Abb.2 Albert Einstein,1917

Abb.3 Theodor Maiman,1960[2]

---

2. Was ist ein Laser und wie funktioniert er ?- Versuch einer einfachen Darstellung

Um einen Überblick von Lasertechnik in der Medizin aufstellen zu können, soll zunächst eine kurze Darstellung und Definition des Lasers erfolgen, um die Funktionsweise besser nachvollziehen zu können.

LASER ist die Abkürzung der englischen Bezeichnung „Light amplification by stimulated emission of radiation", was zu deutsch „Lichtverstärkung durch stimulierte Emission

Physikalische Methode zur Erzeugung monochromatischer, kohärenter, (fast) paralleler Lichtstrahlung mit extrem hoher Energiedichte" bedeutet.

Im Prinzip funktioniert ein Laser durch Verstärkung elektromagnetischer Wellen aus dem Spektralbereich (Frequenzbereich). Voraussetzung für die Auslösung eines Laserprozesses ist ein „Lasermaterial", das (von Ausnahmen abgesehen) mindestens drei verschiedene Energieniveaus besitzt. Durch dauernde Zufuhr der Energie von außen wird das Medium auf ein hohes Energieniveau gepumpt, kann jedoch nur durch zusätzliche Anregung in das Grundniveau unter Aussendung von Photonen zurückfallen. Dieser Vorgang wird als „stimulierte Emission" bezeichnet.

Dabei werden Photonen gleicher Energie mit zeitlicher und räumlicher Kohärenz (Zusammenhang) ausgesandt. Das aktive Glied in einem Laser kann ein Festkörper sein, vorzugsweise ein Kristall, z.B. aus Neodym (YAG-Laser), ein Halbleiter oder ein Gas bzw. Gasgemisch (z.B. Neon- Helium- Laser).

Diese Substanzen sind entscheidend für die Wellenlänge des jeweils emittierten Lichts im ultravioletten, sichtbaren und ultraroten Spektralbereich.

<u>Funktionsbeschreibung anhand eines vereinfachten Schemas:</u>

Wir finden zunächst ein Laserrohr vor, gefüllt mit Lasermaterial. Eine Blitzröhre erzeugt in diesem Material Licht, welches zwischen zwei Spiegeln hin- und hergepumpt wird, bis es vielfach verstärkt den auf der einen Seite befindlichen „teilweise durchlässigen"

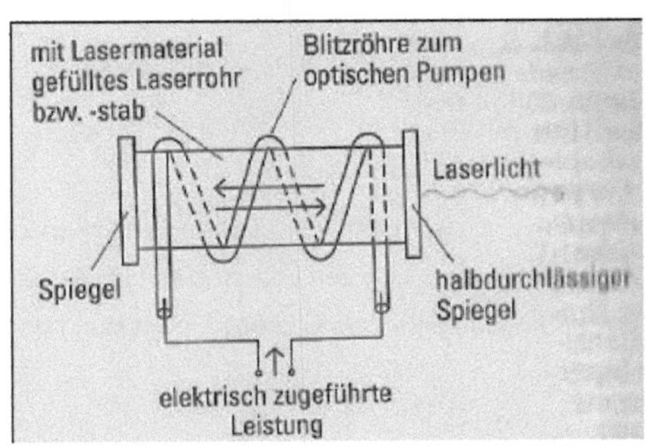

Spiegel durchdringen kann. Eine dahinter befindliche Sammellinse (hier nicht gekennzeichnet) fokussiert das Licht auf einen Punkt. [3]

---

[3] Vgl. Pschyrembel, Klinisches Wörterbuch, Berlin, 1997, S. 894-895

Ein Lasergerät ist hierbei besonders gekennzeichnet durch seine Wellenlänge, Leistung und Betriebsart.[4] Jede Komponente spielt dabei eine variierende Rolle. So beeinflusst beispielsweise die gesamte Konstruktion des Lasers seine „Stärke". Je nach dem, wie die Spiegel gesetzt, das Lasermaterial („aktives Medium") gewählt oder wie hoch die elektrisch zugeführte Energie ist, werden Wellenlänge oder Leistung beeinflusst. Mit Lasern gelingt es, Licht in hohem Grade zu kontrollieren bzw. zu manipulieren, wobei auch Intensität, Richtung, Frequenz, Phase und Zeit des Laserstrahls entscheidend sind.[5] Diese Eigenschaft wird sich mittlerweile in einem sehr breiten Maße zu Nutze gemacht, wie die weitere Arbeit zeigen wird. Als besonders nützlich erweist sich der Laser in der Medizin.

Zusammenfassend ist zu nennen, dass ein Laser jedes Gerät ist, das Strahlung durch „stimulierte Emission" erzeugt, und ist damit eine künstlich gerichtete Strahlungsquelle.
Da ein Laser empfindliche optische Elemente enthält, muss er mit größter Sorgfalt behandelt werden. Erschütterungen und unnötige Transporte sind unbedingt zu vermeiden.[6]

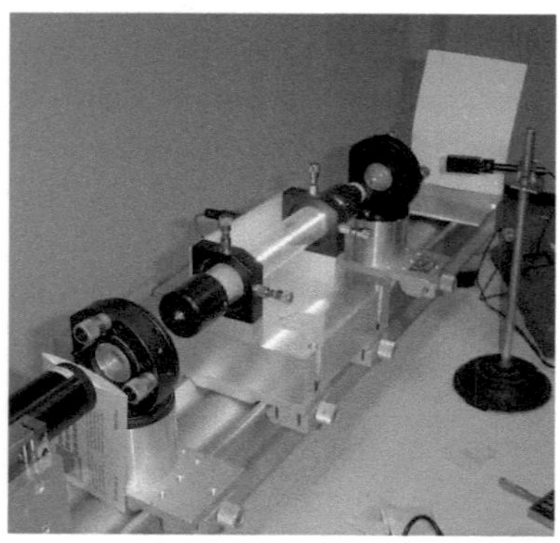

Demonstrationslaser: In der Mitte ist das Leuchten der Gasentladung zu sehen, die das Lasermedium anregt. Der Laserstrahl ist rechts als roter Punkt auf dem weißen Schirm zu erkennen.

Abb.4: Demonstrationslaser[7]

Nachdem nun die Funktion in groben, einfachen Zügen erläutert worden ist, soll im nächsten Schritt die Anwendung von Lasertechnik in der Medizin in ihren verschiedenen Anwendungsgebieten als wichtige Entwicklung dargestellt werden.

---

[4] vgl. http://www.auva.at/mediaDB/MMDB114612_M140.pdf
[5] vgl. http://de.wikipedia.org/wiki/Laser#Allgemeines
[6] vgl. http://www.auva.at/mediaDB/MMDB114612_M140.pdf
[7] http://de.wikipedia.org/wiki/Laser#Allgemeines

3. Der Laser in der Medizin

Nachdem nun ein kurzer Einblick über die Funktionsweise eines Lasers gegeben wurde, sollen nun die Anwendungsbereiche in der Medizin genauer dargestellt werden.

In der medizinischen Anwendung des Lasers vollzieht sich in den letzten Jahren ein tiefgreifender Wandel und spielt heute eine herausragende Rolle in vielen Bereichen. Er ist inzwischen in nahezu allen medizinischen Disziplinen zum klinischen Alltag geworden. Der Laser bietet neue Möglichkeiten, u.a. in der Diagnostik oder Therapie und ersetzt bereits seit langem etablierte chirurgische und diagnostische Verfahren durch neue, sanftere Verfahren.

Die starke Bündelung und hohe Leistungsdichte des Strahls verleiht ihm die Möglichkeit der Anwendung in der Medizin.

Welcher Lasertyp zum Einsatz kommt, richtet sich hierbei unter anderem nach der benötigten Leistungsdichte oder danach, welche Wellenlänge von dem zu behandelnden Gewebetyp am besten absorbiert wird.

Die meisten Laseranwendungen in der Medizin haben das Abtragen, Abschneiden oder Verdampfen von Gewebe oder die Koagulation (Gerinnung) von Körperflüssigkeiten zum Ziel. [8]

Beispiele für die Anwendung von Lasern in der Medizin sind:

- Endoskopie/ Chirurgie
- Ophthalmologie (Augenheilkunde)
- Neurochirurgie
- Zahn-Mund-Kiefer-Gesichtschirurgie
- Hals-Nasen-Ohrenheilkunde
- Pulmologie (Lungenheilkunde)
- Gastroenterologie (Innere Medizin, Magen- Darm, Leber, Gallenblase)
- Kinderchirurgie
- Dermatologie
- Urologie
- Gynäkologie
- Photodynamische Therapie

Im Folgenden werde ich kurz auf jeden Bereich eingehen, Anwendungsbereiche und zum Teil Ansätze von Methoden aufzeigen.

---

[8] vgl. http://www.uni-bonn.de/~umm70012/piko/index_laser.htm

3.1. Der Lasereinsatz in den verschiedenen Gebieten der Medizin

1. Endoskopie/ Chirurgie:

In der Chirurgie, Gefäßchirurgie und Phlebologie (med. Fachgebiet für Gefäßerkrankungen) wird der Laser hauptsächlich im Bereich der Endoskopie oder als Laserskalpell eingesetzt. Eine weitere Anwendung ist die Behandlung von defekten Venen (Krampfadern). Hierbei kann der Laser endovenös (Laser-Lichtleiter wird in die Vene eingebracht) angewendet werden. Dieses Laser-Behandlungsverfahren ersetzt dabei das Entfernen der Vene durch „Stripping". Die Laser-Behandlung ist in vielen Fällen schonender und ambulant durchführbar.

Außerdem macht man sich die Möglichkeit zunutze, das Laserlicht über flexible Lichtleiter weiterzuleiten. Dadurch werden endoskopische Eingriffe mit Hilfe von Lasern möglich. Darunter versteht man operative Eingriffe im Körperinneren, bei denen die Instrumente durch kleine Öffnungen eingeführt werden, ohne dass große chirurgische Schnitte nötig sind.

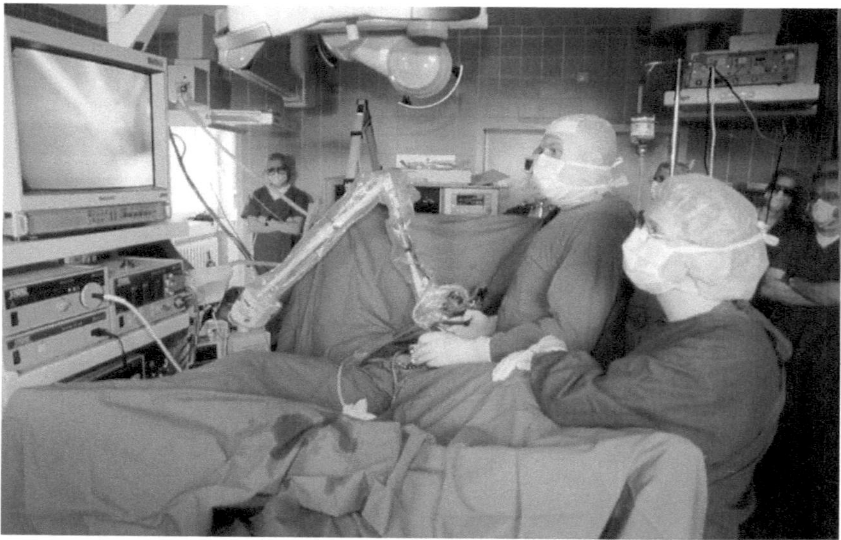

Abb. 5: Einsatz des Lasers in der Endoskopie[9]

---

[9] http://www.franziskus-krankenhaus.de/img/gyn-endoskopie.jpg

2. Ophthalmologie (Augenheilkunde)

In der Augenheilkunde wird Laserlicht niedriger Leistung zur Diagnose eingesetzt, z. B. in der optischen Kohärenztomografie (OCT). In der Therapie kann mit höherer Leistung eine sich ablösende Netzhaut am Augenhintergrund verschweißt werden. Außerdem kann Fehlsichtigkeit durch Abtragung von Hornhautoberfläche korrigiert werden (z. B. LASIK-Operation).

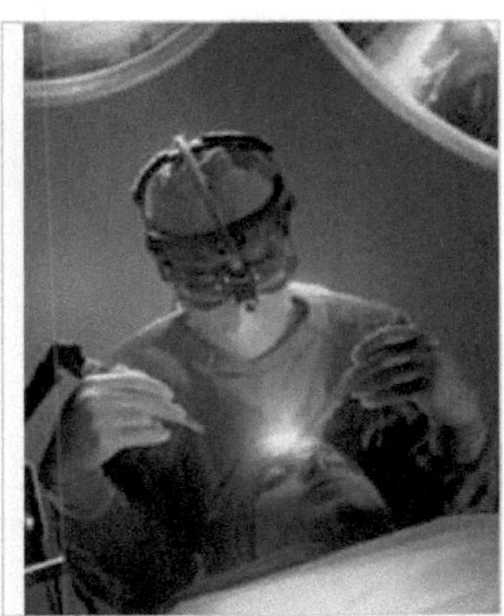

Abb. 6: LASIK- Operation[10]

3. Neurochirurgie

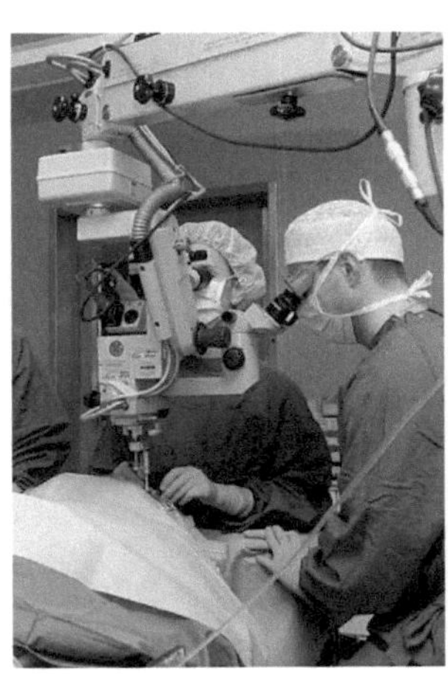

Die Neurochirurgie umfasst als medizinisches Fachgebiet die Erkennung und operative Behandlung von Erkrankungen, Fehlbildungen und (Folgen von) Verletzungen des zentralen und peripheren Nervensystems. In der Neurochirurgie ist der CO2-Laser absolut indiziert bei benignen (gutartigen) Prozessen der Mittellinienstruktur des Gehirns, der Schädelbasis, des Hirnstammes und des Rückenmarkes. Der Nd:YAG- Laser ist indiziert bei stark gefäßversorgten expansiven Prozessen (e.g. Meningeome(meist gutartiger Hirntumor)) älterer Patienten.

Abb.7.: Einsatz in der Neurochirurgie[11]

---

[10] http://femto-lasik.at/images/block041_480.jpg
[11] http://www.ich-will-wissen.de/typo3temp/pics/ab5e7d4442.jpg

4. Zahn-Mund-Kiefer-Gesichtschirurgie

In der Zahnmedizin kann der Laser z. B. Erbium: YAG- Laser, für den Abtrag von Zahnhartsubstanz („Bohren ohne Bohrer") oder in der Parodontologie (Keimreduktion und in entzündeten Zahnfleischtaschen) verwendet werden. Diodenlaser werden in der Zahnmedizin für chirurgische Eingriffe, z. B. Lippenbändchenentfernung, für die Keimreduktion in der Endodontie (Wurzelkanalbehandlung) oder für die Zahnweißung (Bleaching) verwendet.

Der Vorteil der Laserbehandlung gegenüber der konventionellen Methode ist die, dass der Patient weniger Schmerzen hat, die Setzung von Nähten teilweise überflüssig wird, es weniger blutet, da die Wunde verödet ist und die behandelte Stelle gleichzeitig dekontaminiert (keimfrei) wird.

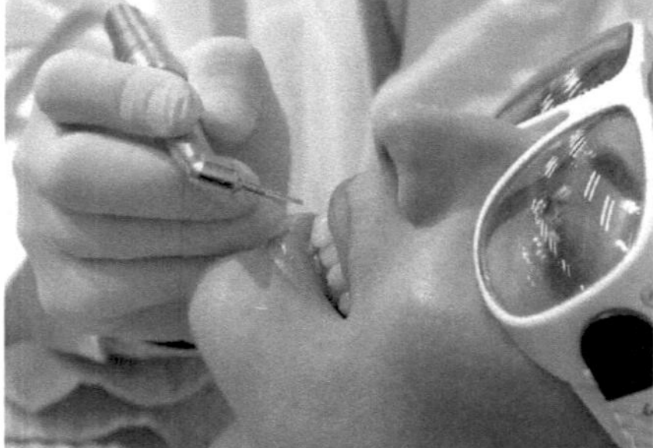

Abb.8: „Bleaching"[12]

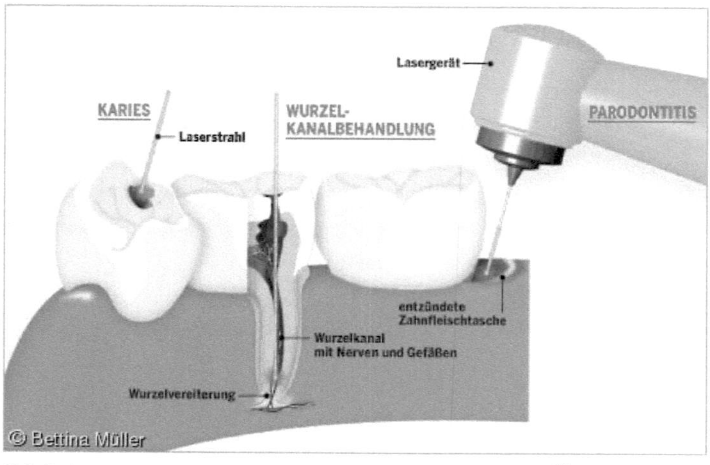

Abb.9: Anwendungsbereiche des Lasers in der Zahnmedizin[13]

---

[12] http://img.stern.de/_content/59/38/593815/laser_500.jpg
[13] http://img.stern.de/_content/59/38/593815/laser_zahnmedizin_500_500.jpg

5. Hals-Nasen-Ohrenheilkunde

In der Hals-Nasen-Ohren-Heilkunde werden Laser zur Abtragung von Veränderungen an den Stimmbändern und bei mikroskopische Eingriffen am Kehlkopf verwendet, außerdem zur Teilabtragung der Mandeln (Tonsillotomie) und von Tumoren in Mund und Rachen (z. B. beim Zungenkarzinom).

Abb.10: Anwendung am Ohrkanal[14]

6. Pulmologie (Lungenheilkunde)

Die meisten Patienten mit Lungenkarzinom (Bronchialcarcinom), insbesondere mit Plattenepithelcarcinom (eine Form des L.karzinom), sterben an einem lokalen Tumorrezidiv (wiederauftreten des Tumors). Meist erfolgt der Lasereingriff (mit Nd:YAG-Laser) in Kombination mit einer endobronchialen (in den Bronchien) Kleinraumbestrahlung.

7. Gastroenterologie (Innere Medizin,bspw. Magen, Darm, Leber, Gallenblase)

Die Einkoppelung des Lasers in flexible Lichtleiter ist Voraussetzung für seinen universellen Einsatz in der Gastroenterologie. Dementsprechend wird in diesem Teilgebiet heute fast ausschließlich der Nd:YAG Laser eingesetzt. Ähnlich wie in der Pulmonologie ist sein palliativer Einsatz bei bestimmten Malignomen (bösartiger Tumor) von großem Wert.

Die Kombination von Rekanalisierung mit Hilfe des Lasers und nachfolgender Bestrahlung mit Radionukliden scheint eine erfolgversprechende Alternative zum herkömmlichen Vorgehen zu bieten.

Neben dem palliativen Einsatz wird der Laser in der Gastroenterologie bei Blutungen, benignen (gutartig) Tumoren und Stenosen (Verengung) eingesetzt.

---

[14] http://www.cogito-magazin.de/uploads/images/obx395_Lasertherapie.jpg

8. Kinderchirurgie

Im Kindesalter überwiegen die blutreichen embryonalen bzw. sarkomatösen Tumoren (bösartige Tumore des Stützgewebes), weshalb im Gegensatz zu soliden Tumoren bei der Resektion (operative Entfernung bestimmter Gewebe) erhebliche Blutverluste auftreten können.

Bei Kindern stellt der Blutverlust bei der Resektion ein vitales Risiko dar. Beim Säugling kann schon ein Verlust von 50 - 100 ml zum Schock führen. Deshalb ist die vergleichsweise blutarme Resektion (in der Regel mit dem Nd:YAG-Laser) von besonderem Wert.

9. Dermatologie

Neben der Ophthalmologie (Augenheilkunde) war die Dermatologie (einschließlich plastischer Chirurgie) Wegbereiter der Laseranwendung in der Medizin. Vorwiegend werden der Argon-, der CO2- und der Nd:YAG-Laser verwendet. Der Argon-Laser wird (wegen der geringen Eindringtiefe und hohen Absorption) besonders zur Therapie oberflächlicher und gefäßreicher Hautveränderungen eingesetzt.

Hauptindikation für seine Anwendung ist der Naevus flammeus (Feuermal, gutartig). Mit Geduld und über Jahreangewendet, führt die Lasertherapie zu kosmetisch guten Erfolgen.

Der Nd:YAG mit beträchtlich geringerer ,,Blutselektivität", aber mit vergleichsweise großer Eindringtiefe wird in der Regel nur bei blutreichen Kavernomen (Gefäßmissbildung) mit großer Schichtdicke und größeren semimalignen (halbbösartig) Hauttumoren eingesetzt.

Wegen der gleichzeitigen Blutstillung (Hämostase) eignet sich der CO2-Laser auch zur Therapie von Mundschleimhautläsionen. Eine weitere Indikation ist die Entfernung von Tätowierungen (Dermabrasio, Abbildung 11), die mit dem CO2-Laser in der Regel mit vergleichsweise geringer Narbenbildung möglich ist.

Im kosmetischen Bereich ist die Enthaarung, die Entfernung von Pigmentflecken und Besenreisern und die Behandlung von Hämangiomen (Blutschwamm) oder Narben möglich. Auch gutartige Neubildungen der Haut,

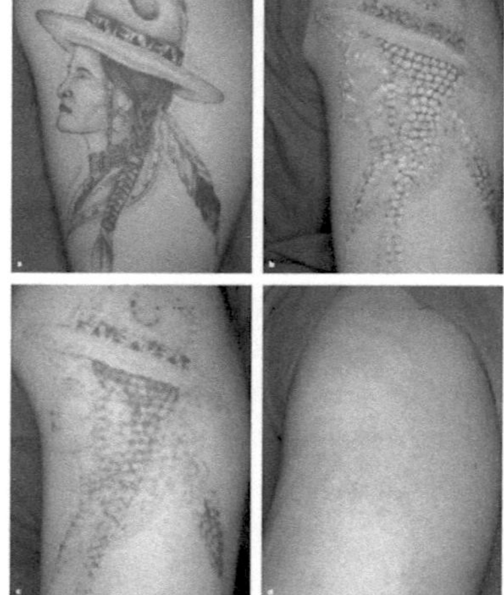

Abb.11: Dermabrasio[15]

---

[15] http://www.medienservice-medizin.de/media/images/735027_i1.jpg

virusbedingte Hautveränderungen und Hautveränderungen, die als Krebsvorstadien angesehen werden, können durch eine Laserbehandlung entfernt werden.[16]

10. Urologie

Routinemäßig werden heute Tumoren am äußeren Genitale mit dem Nd:YAG-Laser entfernt. Feigwarzen (Condylomata accuminata) können mit sehr geringer Rezidivrate(Rate des Wiederauftretens) entfernt werden. Auch werden Laser bei der die Zertrümmerung von Nieren- oder Gallensteinen (Lithotripsie), sowie Harnleitersteinen und Behandlungen an der Prostata mit dem sogenannten „Greenlight Laser" vorgenommen (Abb.X).

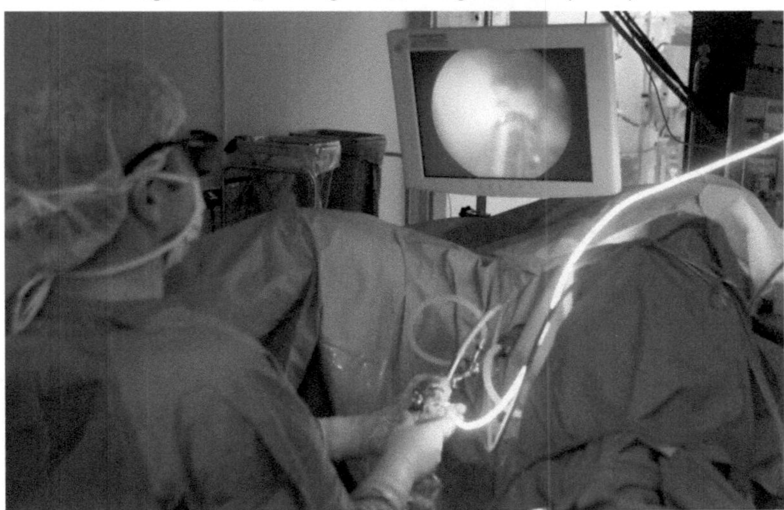

Abb.12: Laseranwendung durch „Green Light" an der Prostata[17]

11. Gynäkologie

Im Bereich der Vulva(weibliche äußere Genitalorgane) wird der CO_2-Laser erfolgreich zur Abtragung von Zysten, Feigwarzen, (Condylomata accuminata), Papillomen (gutartiger Hauttumor), Leukoplakien (Verhornungen der Haut), Carcinomata in situ (Vorstufe zu bösartigen Veränderungen) und einer Reihe anderer Erkrankungen mit Erfolg eingesetzt.
Für den Vaginalbereich gelten im Prinzip dieselben Indikationen (Zysten, Condylomata, Neoplasien). Auch die Laser-Konisation an der Cervix uteri(Gebärmutterhals) läßt sich ambulant, jedoch unter Lokalanästhesie durchführen. Wegen der guten Ergebnisse (keine Narbenstrukturen, geringer Blutverlust, Erhalt normaler Organfunktion, Beseitigung des

---

[16] http://www.bfs.de/de/uv/laser/anwendung_medizin.html
[17] http://www.klinikum.uni-heidelberg.de/fileadmin/pressestelle/images/pm80.jpg

Cervixdefektes) ist die Laserkonisation (Laser Cylinder Dissection Cervix uteri, LCDC) heute als Standardverfahren anzusehen.

Unter den vielen anderen Indikationen für den therapeutischen Lasereinsatz in der Gynäkologie sind die Eingriffe an den Eileitern (Tuben) hervorzuheben. Sogar Reimplantationen von Eileitern an die Gebärmutter (Tuben am Uterus) wurden mit Hilfe des CO2-Lasers bereits erfolgreich vorgenommen.

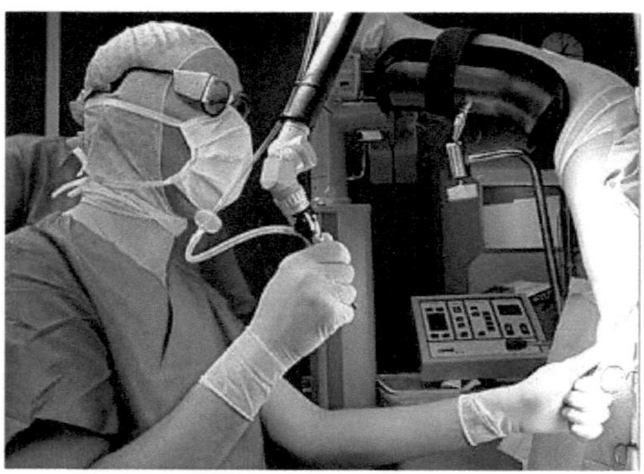

Abb.13: Anwendung in der Gynäkologie[18]

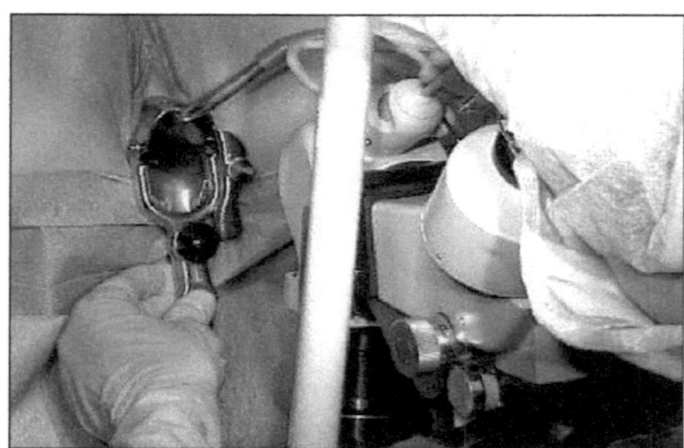

Abb.14: Anwendung im Gebärmutterhals[19]

---

[18] http://www.krankenhaus-dorsten.de/de/main/img/frauenheilkunde_2_2.jpg
[19] http://www.kantonsspitalbaden.ch/baden_d/Frauen_und_Kinder/Bilder-Frauen-und-Kinder/0906_laser1_p.jpg

12. Photodynamische Therapie

In der Tumortherapie ist neuerdings durch Zeitungsveröffentlichungen die sog. „Photodynamische Therapie" ins Gerede gekommen.

Die photodynamische Therapie ist ein relativ neues Verfahren. Dabei wird Laserlicht in Kombination mit Photosensibilisatoren eingesetzt. Die Photosensibilisatoren machen das Gewebe, das entfernt werden soll, besonders lichtempfindlich, so dass es durch die Laserstrahlung selektiv unter Schonung des umliegenden Gewebes zerstört werden kann.[20]

Wie dargestellt findet der Laser ein fast allen Bereichen der Medizin seinen Einsatz. Er stellt in vielen Fällen eine erleichternde und in der Wirkung bessere Therapie- und Diagnosemöglichkeit dar. Vor allem in der Krebstherapie finden sich immer neue Möglichkeiten den Laser zu nutzen.

Im letzten Kapitel soll zum einen resümiert werden, aber auch den Versuch eines Ausblickes für die kommende Anwendung in der Medizin geben.

In der Krebstherapie wird er für die photodynamische Therapie eingesetzt.

---

[20] http.www.uni-duesseldorf.deWWWMedFakLaserMedizinLaserkursskriptKapitel4.PDF

4. Die Zukunft des Lasers

Wie wir in den vorherigen Kapiteln erkennen konnten, hat der Laser in den letzten Jahrzehnten viele Bereiche der Technik revolutioniert. Besonders in der Medizin erweist er sich als eine hervorragende Hilfe. Die Behandlungsverfahren sind nicht nur Entlastung für den Patienten, sondern machen manche Eingriffe auch ambulant möglich, wodurch Kosten eingespart werden können.

Obwohl schon in vielen Bereichen des Lebens sich der Laser etablieren konnte, steht die Lasertechnik nach Einschätzung von Experten noch am Anfang. Doch die Zukunft wird nach deren Einschätzung einen flächendeckenden Einsatz in allen Bereichen, ähnlich wie es beim Computer der Fall ist, erleben. Der Grund liegt auf der Hand: Der Laser ist universell einsetzbar, sowohl in Fertigung, Haushalt oder eben Medizin. Er arbeitet dabei schneller und präziser als bisher verwendete Methoden.[21]

Daher lässt sich für die Zukunft prognostizieren, dass der Laser in der Medizin eine dominante und bedeutende Rolle spielen wird. Methoden und Verfahren werden immer präziser, effizienter und schonender.

Die Erschaffer des Lasers, sowohl Einstein als auch Maiman haben sicherlich zu ihrer Zeit nicht einschätzen können, welche revolutionären Züge ihre theoretischen und praktischen Arbeiten erzielen werden.

Es lässt sich einfach, kurz und prägnant sagen, dass der Laser die „Lichtquelle der Zukunft" sein wird. Die weitere Entwicklung dieses Mediums wird mit großer Sicherheit interessante Neuerungen in allen Bereichen des Lebens bringen.

---

[21] vgl. http://forum.giga.de/showthread.php?t=979139

Anhang

5.Literaturverzeichnis

Literatur:

- Pschyrembel, Klinisches Wörterbuch, Berlin, 1997.

Internetquellen (Stand: 28.11.09):

- http://www.auva.at/mediaDB/MMDB114612_M140.pdf
- http://www.bfs.de/de/uv/laser/anwendung_medizin.html
- http://www.cogito-magazin.de/uploads/images/obx395_Lasertherapie.jpg
- http://www.dglm.org/index.php?id=684
- http://femto-lasik.at/images/block041_480.jpg
- http://www.franziskus-krankenhaus.de/img/gyn-endoskopie.jpg
- http://www.ich-will-wissen.de/typo3temp/pics/ab5e7d4442.jpg
- http://img.stern.de/_content/59/38/593815/laser_500.jpg
- http://img.stern.de/_content/59/38/593815/laser_zahnmedizin_500_500.jpg
- http://www.kantonsspitalbaden.ch/baden_d/Frauen_und_Kinder/Bilder-Frauen-und-Kinder/0906_laser1_p.jpg
- http://www.klinikum.uni-heidelberg.de/fileadmin/pressestelle/images/pm80.jpg
- http://www.krankenhaus-dorsten.de/de/main/img/frauenheilkunde_2_2.jpg
- http://www.medienservice-medizin.de/media/images/735027_i1.jpg
- http://www.uni-bonn.de/~umm70012/piko/index_laser.htm
- http.www.uni-duesseldorf.deWWWMedFakLaserMedizinLaserkursskriptKapitel4.PDF
- http :wikipedia.org/wiki/laser_allgemeines